漫话家风家规
河洛廉洁小课堂

《漫话家风家规：河洛廉洁小课堂》创作组　编著

全国百佳图书出版单位

中国中医药出版社

·北　京·

图书在版编目（CIP）数据

漫话家风家规：河洛廉洁小课堂 /《漫话家风家规：河洛廉洁小课堂》创作组编著 . —北京：中国中医药出版社，2022.9（2025.4 重印）

ISBN 978 – 7 – 5132 – 7504 – 0

Ⅰ . ①漫…　Ⅱ . ①漫…　Ⅲ . ①家庭道德—中国—通俗读物

Ⅳ . ① B823.1 – 49

中国版本图书馆 CIP 数据核字 (2022) 第 046275 号

中国中医药出版社出版

北京经济技术开发区科创十三街 31 号院二区 8 号楼

邮政编码　100176

传真　010-64405721

北京盛通印刷股份有限公司印刷

各地新华书店经销

开本 880×1230　1/32　印张 4.25　字数 93 千字

2022 年 9 月第 1 版　2025 年 4 月第 2 次印刷

书号　ISBN 978 – 7 – 5132 – 7504 – 0

定价　49.80 元

网址　www.cptcm.com

服 务 热 线　010-64405510

购 书 热 线　010-89535836

维 权 打 假　010-64405753

微信服务号　zgzyycbs

微商城网址　https://kdt.im/LIdUGr

官 方 微 博　http://e.weibo.com/cptcm

天猫旗舰店网址　https://zgzyycbs.tmall.com

如有印装质量问题请与本社出版部联系（010-64405510）

《漫话家风家规：河洛廉洁小课堂》
创作组

成 员

刘少渝	丁志山	狄英杰	李恭园	陆　昕
林　铭	郑　晖	林惠敏	方　楠	林　舒
田文国	王凯旋	王志良	吴佳芃	董　生帅
杨锦斌	丁闽江	万　红	秦　晴	祖　帅
齐嘉妍	杨　雯	黄焕明	谢燕芬	黄　硕
刘阳娟	黄彦霖			

　　家是最小国，国是千万家，家国两相依。家庭是社会的基本细胞，千千万万个家庭的家风好，子女教育得好，社会风气好才有基础。家风的好坏，极大地影响着民风，进而影响着党风社风。

　　古语有云"天下之本在家"，中华民族历来注重家庭、家教、家风。家训智慧，自古至今，精深弘富，祖辈对子孙后代的垂诫、训示，深深影响后世立身、处世、为学。党的十八大以来，党中央高度重视廉洁文化建设，强调全面从严治党，既要靠治标，猛药去疴，重典治乱；也要靠治本，正心修身，涵养文化，守住为政之本。2022 年 2 月，中共中央办公厅印发了《关于加强新时代廉洁文化建设的意见》，把家风建设纳入新时代廉洁文化建设重要组成部分，提出一系列具体要求。其中，强调要弘扬崇廉拒腐社会风尚，运用新媒体、新技术传播廉洁文化，丰富廉洁文化优质产品和服务供给，拓展利用廉洁文化资源，这为新时代家风建设确立了目标、指明了方向。

廉以修身、廉以持家。福建历史悠久，从古代到近代，传承了许多著名的家风家规，具有丰富的廉洁文化资源。比如，朱熹的"清廉重德，修身和谐"、严复的"仁心仁术，重群轻己"、蔡世远叔侄的"严义利之辨，守清正之洁"等。跨越历史长河，舒展家风画卷，寻根历史仁人志士，追忆杏林岐黄，挖掘"廉"元素，弘扬"廉"作风，将这些宝贵的资源转化成可视化的产品必将更为广泛流传，必将易于传统文化厚植人心。

福建中医药大学始终注重构建中医药文化特色的团学美育工作体系，2015 年以来打造形成了依托"河洛品牌"的多元化、全过程、全方位的美育教育新格局。《漫话家风家规：河洛廉洁小课堂》是该体系中众多原创文化科普系列成果的又一力作。全书"河洛品牌"专属卡通人物用通俗易懂、喜闻乐见、图文并茂地形式讲述二十个历史人物的家风家规故事，生动活泼，融合传统与现代气息，使人们在碎片化的时间里，接收到更多能够引起共鸣、直抵人心的信息。特别是在青年人心中播下廉洁文化的种子，引导全社会形成崇廉、尚廉的良好社会风气。

　　本书的顺利出版要感谢各位编委、各位致力于中华优秀传统文化传播与美育教育的老师和同学们的辛苦付出。我们将以此为契机，零公里处再出发！

编　者

2022 年 5 月

目录

家庭是社会的基本细胞，是人生的第一所学校。不论时代发生多大变化，不论生活格局发生多大变化，我们都要重视家庭建设，注重家庭、注重家教、注重家风。

　　河洛说家风家规故事，将中国历史人物的优秀家风家规以漫画形式进行创作，让优秀的家风家规涵养心灵，成为大学生成长的重要基石，引导大学生坚定理想信念，培育和践行社会主义核心价值观，为实现"中国梦"贡献青春力量。

第一集 朱熹:《朱子家训》里的微言大义

"地位清高，日月每从肩上过；门庭开豁，江山常在掌中看。"

这幅对联出自南宋著名理学家朱熹之手。对联隐喻着朱熹先生对修身齐家，治国平天下的儒家理想境界的向往，更警示为官者要心存敬畏、清正廉洁！

朱熹先生也是这样严格要求自己和他的子孙后代的，"见不义之财勿取，遇合理之事则从！"《朱子家训》真可谓是千古名篇、微言大义！

清正廉洁

明镜高悬

不！

　　朱熹的孙子坐在公堂之上，有人送来金银贿赂他，朱熹的孙子想起朱熹对他教诲："见不义之财勿取，我们要清正廉洁，对贪污腐败、收受贿赂说不！"朱熹孙子摆手拒绝了贿赂。

尊师重德

有德者，
年虽下于我，我必尊之。

老师。

朱熹

辛弃疾向朱熹作揖说："老师。"年老的朱熹也向辛弃疾作揖，说："有德者，年虽下于我，我必尊之。像你这样有才能的人，我作为长辈也应该尊重。"

修身仪礼

诗书不可不读，
礼义不可不知！

　　朱熹的孙子从学堂里跑了出来："逃课咯！"朱熹训斥他："诗书不可不读，礼义不可不知！小小年纪就逃课，长大后怎么为国效力？"

宽以待人

> 人有小过，含容而忍之；
> 人有大过，以理而谕之。

　　朱熹孙子和其他小朋友闹矛盾，朱熹在一旁劝架说："人有小过，含容而忍之；人有大过，以理而谕之。要学会理解和宽容，切勿斤斤计较，得理不饶人，要以和为贵！"

紫阳高照，家训流芳，千古品格，后人敬仰。作为儒家知识分子，圣贤朱熹以一生探求儒家精髓的精神，严于律己的治学态度集理学之大成。

作为一方水土的官员，朱熹一生淡泊名利，安守清贫，做到了两袖清风、清正廉洁。而作为人父的朱熹，317字的《朱子家训》早已不是对一个家族的谆谆教诲，而是对一个民族的精神塑造！

第二集 严复：仁心仁术，重群轻己

和蔼可亲、勤劳朴实、深明大义、沉默内敛、高大伟岸……总有一个词能形容我们心中的父亲印象。

"严"传身教，春风化雨，可谓是严复心中对父亲的印象了。

严复出身于福建福州的一个中医世家，父亲严振先医术高明，乐善好施，被尊称为"严半仙"。

一个月明风清的夜晚，已成年的严复披衣而行。

　　看着被粼粼月光映照的小石桥，严复顿时想起少年时代父亲在这座石桥边说过的话语。

陷入回忆……

这座石桥是通往父亲诊所的必经之路。

那时，衣着褴褛的百姓们病情痊愈后就在石桥边向父亲鞠躬道谢。

老人家，这三块铜板你收回去吧。

当一位老人家双手拿出残缺的几块铜板要给父亲时，父亲却笑着婉拒了。

抱恙在身的患者急切地恳求父亲为他诊治病痛。

孩子呀，药能医好病，心要体贴心。

　　严复在一旁静静地看着，父亲转身拍着他的肩膀说道："救人一命，胜造七级浮屠。"

　　仁心仁术的医德，重群轻己的美德，无不在少年严复的心里埋下了"总来辛苦为黎元"的种子。

　　而成年后的严复亦是一生恪守信条，风骨精神渗透子孙血脉。

第三集 苏颂：苏颂桥边沐家风

福建中医药大学里的苏颂桥好美呀！苏颂桥不仅风景美，它的故事更美呢！

苏颂桥是为了纪念福建四大名医——北宋的苏颂而建的！著名的中药学巨作《本草图经》便出自苏颂的笔下，同时他还是位天文学家、政治家。苏颂创建的水运仪象台，是世界上最早的天文钟。

苏颂不仅是科技创新上的巨人，还在道德教化上富有成就！在苏氏家风的结晶《魏公谭训》中，苏颂提出"行完学富"的观点，强调以德为先，学贵广博。

苏颂的重德思想对医学生的医德培养也有重大的启迪作用呢，快跟着河洛一起漫步苏颂桥旁，品味苏氏家风吧！

道德为先

父亲，为什么我要先学习道德修养呢？

一个好的人才，应当德才兼备！道德为先，文化次之，走好道德修养这一步，才能扣好人生的第一颗扣子！

学贵于勤

人生在勤，勤而不匮。不坚持寒窗苦读、只知道偷懒，是学不到真正的本事的！

刻苦自励

我可以动用权力让你当官。

孩儿要凭借自己的能力参加科举，绝不享受特权。

不愧是我苏家勇于进取的男儿！

广读博学

苏先生真是博学强记、学富五车呀!

苏颂

神农本草经

甘石星经

　　苏门正简，德泽贻远。这位睿智多识的大家严谨的治学态度，对道德修养的重视，乃至他的科技创新，至今仍泽被万民。而他的家风家训，早已春风化雨，沐浴一代又一代中医药人才。

第四集　宋慈：儒者医仁，守正济贫

　　央视一部法医题材的纪录片《法医宋慈》走红了网络！剧中宋慈运用多种独特的侦查手段巧破奇案，令无数小伙伴为中国古代法医学的成就而惊叹！

宋慈

公正不阿，严明执法，洞察冤情，巧断悬案的他不仅是一位明断是非的法医大家，更是一位清正廉洁、求真务实的清官。让我们一起漫步宋慈湖畔，品味大家的智慧吧。

兼达仁爱，紫阳遗风

宋慈从小就跟随朱熹弟子吴雉研习程朱理学，进入太学后更是得到朱熹再传弟子真德秀的赏识。

真德秀提出"狱者，生民大命，苟非当坐刑名者，自不应收系。为知县者每每必须躬亲，庶免枉滥"，认为断案应当以儒家仁爱思想为指导，在刑狱上的主张以证据作为定罪的标准，避免冤假错案，滥杀无辜。这让宋慈断案时候更注重一些技术性的证据，比如尸体上的伤口，以及这些伤口造成的原因，从而推断死亡事故的发生过程。

为官清廉，求真务实

　　宋慈为官清廉，断案讲究求真务实、亲力亲为。宋慈初到广东任提点刑狱官之时，发现当地官吏玩忽职守，断案随意草率，草菅人命，出现很多冤假错案，民怨颇深。宋慈随即深入调查，打破官员不亲自验尸的陈规，亲临现场，用众多绝妙的方法判断死因，力图还原案件真相，仅一个月的时间便清理了两百多起重大的悬案、要案，为死者主持公平，将罪犯绳之以法。百姓们都称赞他是"听讼清明，决事刚果"的清官。

多亏大人明断是非，我儿在九泉之下可以瞑目了！

为百姓伸张正义本是我们的职责。

洗冤泽物，法证先锋

在破解众多冤假错案，解开悬案命案的过程中，宋慈更加意识到法医检验工作的困难性和重要性，他决心撰写一本著作以警示后人要重视刑狱侦破工作，避免错判造成冤案。这便是世界上最早的法医专著《洗冤集录》。宋慈的《洗冤集录》一直都是宋、元、明、清各代刑事检验的基本准则。

《洗冤集录》传入朝鲜、日本之后，成为当时选拔司法类官吏的必考科目。后来又被翻译成多国文字广泛传播，在世界法医学界拥有重要的地位。书中记载的验尸方法是当时司法检验技术的典范，许多内容符合现代科学原理，代表了古代中国先进的法医检验技术水平。

求真务实，明辨是非是他作为法医的神圣职责；为人民洗刷冤屈、伸张正义，为法医学奉献一生，是他永恒的精神丰碑。

而如今，一泓宋慈湖水碧波荡漾，正滋润着在此学习的杏林学子们，让他们在追求止于至善之路上不忘大医精诚。

第五集　鲍姑：白衣披甲战新冠，杏苑家风沐华夏

　　历史的长河中，家风的书写源源不绝，家规的传承经久不衰；为官者教导后辈廉洁为民，刚正不阿；乡贤者劝诫世人仁义礼智，温良恭俭；为军者，身体力行，尽忠职守，保家卫国；为医者，救死扶伤，大医精诚，止于至善……

　　2020年伊始，新型冠状病毒肺炎疫情给国家和人民带来巨大的冲击，正值疫情危急之际，医护工作者将"大医精诚"刻在心间并付诸行动，白衣披甲、亲赴一线、抗击疫情，成为最美逆行者！而如今，传承优秀的医风医德不仅是向抗疫战士致敬，更是体悟五千年中医药文化蕴含的智慧。

战疫

河洛

咚咚

在抗击疫情的特殊时期，让我们将目光聚焦在中国古代医家身上，探索医学前辈的点滴过往，挖掘其中的优良家风，感悟古代医家的人文情怀。

请和河洛的小伙伴咚咚一起了解中国古代四大女名医之一的鲍姑。

鲍姑（288—343），小字潜光，陈留（今河南开封）人，晋代著名炼丹术家，精通灸法，是我国医学史上第一位女灸学家。

鲍姑的灸法经验主要记载在葛洪的《肘后备急方》内。原存于广州市三元宫的"鲍姑艾灸穴位图"，对人体骨节经络、五脏六腑均有详细叙述，大致符合西医学原理，是中医学的宝贵遗产。鲍姑善于医治赘瘤、赘疣等病症，被世人尊称为"鲍仙姑"。

秉承家学，炼丹习医

　　鲍姑的父亲鲍靓，字太玄，曾任南海太守，师事阴长生真人，学得炼丹之术。在父亲的影响下，鲍姑协助父亲炼丹和行医。东晋太兴二年，鲍靓在越秀山南麓修建越岗院（即今三元宫），供鲍姑生活居住，炼制丹药，勤习医术。

　　她的丈夫葛洪辞官不就，长期隐居，过着丹鼎兼综医术的生活，夫妻二人共同研究医学和炼丹术，一起炼丹制药，并到广州一带采集丹砂等 20 余种药物作为原料。现南海西樵山附近的仙岗还存有他们早年炼丹的遗址。生活在这样的环境里，鲍姑耳濡目染，秉承家学，走上习医行医的道路。

我要传承炼丹之术，研习医法，造福万民！

咚咚饰鲍姑

不畏艰险，采药医民

鲍姑的一生，几乎都在广东度过，足迹遍及南海县、番禺县、广州市、惠州市、惠阳县、博罗县、罗浮山一带，经常出没于崇山峻岭、溪涧河畔。

鲍姑足迹所到之处，至今皆有县志、府志及通史记载。作为一个封建时代的女子，能这样跋山涉水，采药制药后为百姓诊治病痛，以救万民，实在令人钦佩。

小姑娘，你在这做什么？

我叫鲍姑，是一名医生，要上山采药。

医乃仁术，制艾济世

鲍姑医术精湛，尤长于灸法，以治赘瘤与赘疣擅名。她因地制宜，就地取材，以当地盛产的红脚艾进行灸治，取得显著疗效，后人称此艾为"鲍姑艾"。

"每赘疣，灸之一炷，当即愈。不独愈病，且兼获美艳。"足以见"鲍姑艾"之效果。她利用艾灸诊治百姓，解除他们的病痛，她心怀仁爱，妙手回春，很好地诠释了作为医者施行仁术的品德。

遗憾的是，鲍姑没有留下什么著作，后人认为，她的灸法经验可能写入葛洪的《肘后备急方》中。该书有针灸医方 109 条，其中灸方竟占 90 余条，并对灸法的作用、效果、操作方法、注意事项等都有较全面的论述。

葛洪

红脚艾

　　鲍姑作为我国医学史上的第一位女灸学家，为后世的灸法发展贡献了一定力量。如今，在新型冠状病毒肺炎疫情防控的进程中，艾灸也凭借自己独特的优势，发挥着一定的作用。

　　潜心研医，坚韧不拔，是她的态度；延续家风，福泽万民，是她的高度！

　　流传至今的不仅仅是鲍姑的医学成就，更是一份身为医者，心怀病患的慈悲之心。这正如抗疫前线的广大女性医护人员一样，结合每个人微小的力量，筑起牢不可摧的防疫长城！

　　让我们向英雄致敬，向白衣天使致敬！

第六集 谈允贤：巾帼女流承衣钵，家门万转医仁心

中国古代历史上的女性医者屈指可数，留下著述者更是寥若晨星，这一集河洛的小伙伴咚咚向大家介绍细腻仁德的谈氏女医——谈允贤。

谈允贤（1461—1556），明代南直隶常州府无锡县（今江苏无锡）人，生于书香门第，医学世家，著有《女医杂言》一书传世，此书不仅是现存最早的女医医学著作，更是我国仅存的几种早期专科医案之一。该书为我们研究其生平经历、临证特色以及明代中期妇女社会生活状况提供了珍贵的文献资料，在中国医学史上留下了鲜明而又独特的足迹。

杏林世家，一脉相承

　　据说，谈允贤的谈家医术，是从她的曾祖父谈宏开始流传的。祖父谈复念及两个儿子仕途顺畅，但常常叹惜自己毕生所学医术后继无人，见谈允贤从小聪慧，故祖父谈复念不愿以女红拘束她，而希望授予她医术。

谈家两代行医，
医学传统不可断，
你行事聪慧警敏，
若勤习医书，
必成大材。

孙女记住了。

昼夜不辍，刻苦自勉

　　允贤捧着医典向祖母请教，祖母耐心指点："这是足阳明胃经，起于鼻翼旁，与太阳经相交……"

这是足阳明胃经，起于鼻翼旁，与太阳经相交……

　　祖母茹氏在她学医的过程中起到了重要的引导作用，通过她的指点和讲解大义，谈允贤对医学基础知识有所领悟，并对继续习医产生了极大的兴趣，从十几岁开始就昼夜不辍地攻读各种医学典籍，包括《难经》《脉诀》等。

此乃我毕生行医处方和经验，现在传予你，谨记当行治病救人之事。

祖母晚年在弥留之际将收集的医案和医疗器械交给允贤："此乃我毕生行医处方和经验，现在传予你，谨记当行治病救人之事。"

仁心仁术，悬壶济世

允贤及笄之年出嫁后，开始医疗实践，并在"三女一子"身上积累了成功的经验。婚后不久，自身气血失调；生病期间，她用自己掌握的中医学知识自诊判断病情，待医生诊断时再验证自己的判断，用药时也亲自动手。

斟酌可用与否

药至亦必手自拣择

必先自诊视以验其言

凡医来

限于当时社会风尚对女子的束缚，谈允贤的治疗对象仅限于女性和孩童。她的医疗风格，体现了女性细腻平和的特点：喜用时方，药皆寻常，方多平易，所用药物寻常可见，可以真切感受到对治疗的认真和对病者体贴入微的人文关怀。

年六十九岁，因夫急症而故，痛极哭伤，气虚痰火全夜不睡，日中神思倦怠，诸药不效，病及二年。

晨用人参膏，日中用八物汤，晚用琥珀镇心丸，至三更用清气化痰丸，不出三个月其症可愈。

八物汤

琥珀镇心丸

清气化痰丸

　　谈氏家族有着深厚的医学底蕴，谈允贤在家族熏陶下走上行医治病之路，始终奉行着谈氏行医者仁心仁德的优秀家风；她接受祖父母的言传身教，医名远扬，造福百姓。身为中医学子的我们，也应秉承"大医精诚"之理念，助力中医文化蓬勃发展。

第七集　张小娘子：扶危济弱声名远，施善于人定家风

　　在封建社会，医生多为男性，但即使身处这样的历史环境也没能阻止一些出类拔萃的女医诞生，咚咚这就带你认识被誉为四大女名医之一，名留青史的温婉女医——张小娘子。

　　张小娘子，北宋嘉佑年间著名外科女医生，汴京（今河南开封）人，擅长驻颜术和治疗疮毒，每每医治患者，几乎是手到病除。

存善于心，与医结缘

咚咚饰张小娘子

张氏让老者暂且安身，悉心为他调理身体。

你心存善良，聪明贤惠，此乃我毕生心血经验，如能领会，可保衣食无忧且兼爱乡里。

那位老者见她聪明贤慧，心存仁爱，便将外科开刀术和制膏药等秘方传授给她。

从此张小娘子心中便埋下习医的种子，与医学结下了不解之缘。

淑质英才，妙手回春

　　张小娘子谨遵老医者的教诲，潜心苦学，研习书中方子。初期给家人治病，后经过不断实践，成为了一位精通外科的女医生。凡是疮疡痈肿的患者前来求医，经她诊治，无一不见奇效。

不慕权贵，心系百姓

宫内尚缺女医官，可否愿意留在宫中？

家中夫君儿郎盼归切，故乡病夫患妇催声急，山野故土才我需要去的地方啊！

　　宋仁宗感念其心系患者之心，称之为"女医圣"，赐名张小娘子。一来是赞誉张氏医术高明，二来也是表达期冀女子能青春永驻之意。

　　张小娘子不贪恋权力与财富，选择自己的初心，回至乡中，悬壶济世，诊病治疾，声名远传。

　　施善于人，心中常怀悲悯之心，不仅是家族中待人处世的不移至理，也是中华家风体系中不可磨灭的重要部分。不慕权贵，扶危救弱的医德医风，亦启发激励着一代又一代的从医人。

第八集　义妁：杏林入家衣钵起，悬壶济世女名医

　　在前几集的家风家规故事中，咚咚和大家一起认识了晋代鲍姑、宋代张小娘子、明代谈允贤，感悟她们不同的家风内涵，而这一集咚咚将带领大家回顾中国古代四大女名医之首——义妁的名医之路。

　　义妁，河东（今山西省运城市盐湖区王范乡姚张村）人，是我国历史上第一个有记载的女医生，因医术高超被召入宫，专为皇太后治病，被誉为巾帼医家第一人。

咚咚饰义妁

立志从医，福泽乡里

义妁遗传了父亲的天赋，从小就对医术、中草药有浓厚的兴趣。遇有郎中走村串户看病，她总是虚心请教，看郎中如何望、闻、问、切，或听郎中讲解医理，并仔细记录。久而久之，便学到了许多医药知识。

义妁十几岁就开始背着药篓上山分辨收集药材，采药途中或荆棘丛生，或悬崖峭壁，但这些都阻挡不了她为民解疾的意志。她将采回来的药材分类加工，左邻右舍若有病痛需要诊治，房前屋后的药材便派上用场。

医治沉疴，名扬四方

　　义妁对一位病重的患者仔细进行诊视后，用银针在患者的腹部和腿部行针，又取出一包药粉撒在患者的肚脐眼上，用热水浸湿的绢帛裹住，并给患者喂服中药。几天之后，肿胀渐渐消退，不到十天的工夫，患者就可以起床活动了。自此以后，义妁的医名便在方圆百里传开，每日不仅有本乡的平民百姓来找义妁医治，也有外地人和达官贵人前来求诊。

奉诏入宫，矢志不渝

义妁天资聪敏，医术精湛，朝野共知，特加封为国医。

汉武帝的母亲王太后年老多病，汉武帝闻知义妁的医名，下诏征她进宫，并授以"女侍医"官职，令其专为皇太后调理身体。为学习更高的医术，义妁进入宫廷，虽几经迫害并遭受牢狱之苦，但她不卑不亢，先后做过乳医、女医、女侍医，最终被汉武帝册封为西汉历史上第一位女国医。

实事求是，不谋私利

你有兄弟可当官的吗？

有个弟弟义纵，但他品行不佳，不可为官。

义妁深知，仁德亲民者为官才是真正地为百姓造福，因此她不任人唯亲地向皇太后推荐为官者。这正是义妁不谋私利，心怀天下的体现。

义妁的医术医德传颂于世，她博极医源，精勤不倦，上疗君亲，下救黎民，廉洁行医，一身正气。义妁犹如一朵盛开的白芍花，安静却坚韧，慷慨而繁华，守护一方民众的幸福安康。

第九集 杨时：俭以养德

杨时（1053—1135），字中立，号龟山，南剑将乐（今属福建省三明市）人，北宋著名理学家、教育家、诗人。杨时一生精研理学，特别是他"倡道东南"，对闽学的兴起，有筚路蓝缕之功，被后人尊为"闽学鼻祖"。

杨时的小儿子名为杨造，据说杨造小时候特别挑食。

我去煎个鸡蛋。

慢着，你把孩子叫过来。

背来听听，平时学的吃住要求有哪些话？

君子食无求饱，居无求安，敏于事而慎于言。

还需要母亲
煎个鸡蛋吗？

不用了，
青菜豆腐也好吃。

　　杨时为严明家风，教育儿孙"俭以养德"，定下家规："三餐饭蔬，不论脆甘酸苦，只要是可以吃的，就不可有所嗜好；衣服鞋帽，不论布料粗细，只要合身，就不许挑挑拣拣；所处房屋，尽管简陋，只要还能居住，就应安居乐业，不要羡慕别人雕梁画栋；故山田园，先祖遗留，应该守其世业，不可增营地产，侵犯他人利益。"

杨时从衣、食、住、行各方面严格要求后世子孙崇尚简朴，防止奢靡堕落。正因为有了如此严谨的家规家教，杨时一家三代，有12人中了进士，这在当时是十分罕见的，这义方之训也被后世传为美谈。

说到杨时则不得不提"程门立雪"这段佳话。

"程门立雪"是中国教育史上一个传为美谈的典故，歌唱的是杨时求知若渴、尊师重道的品德，它是杨时留给后人的宝贵精神财富。

杨时从小就聪明伶俐，七岁就能写诗，八岁就能作赋，人称神童。他十五岁时攻读经史，熙宁九年登进士榜。他一生立志著书立说，曾在许多地方讲学，倍受欢迎。他长期住在含云寺和龟山书院，潜心攻读，写作教学。

有一年，杨时奔赴浏阳县，途中不辞劳苦，绕道洛阳前往嵩阳书院拜师程颐，以求学问上得到进一步深造。有一天，杨时与他的学友游酢，因对某问题有不同看法，为了求得一个正确答案一起去往老师家请教。

时值隆冬，天寒地冻，朔风凛凛，瑞雪霏霏，他们把衣服裹得紧紧的，匆匆赶路。来到程颐家时，适逢先生坐在炉旁打坐养神。杨时二人不敢惊动打扰老师，就恭恭敬敬侍立在门外，等候先生醒来。

杨时的一只脚冻僵了，冷得发抖，但依然恭敬侍立。过了良久，程颐一觉醒来，通过窗口望见了侍立在风雪中的杨时，只见他通身披雪，脚下的积雪已一尺多厚了，赶忙起身迎他们进屋。

后来，杨时得程学真谛，东南学者推杨时为"程学正宗"，世称"龟山先生"。此后，"程门立雪"的故事就成为尊师重教的千古美谈，为后人树立了尊师重教的榜样。

第十集 黄峭：清白传家

黄峭（872—953），字峭山、仁静，号青岗，建昌府永城县禾坪里（今福建省邵武市和平镇）人，官至工部侍郎，为唐代著名哲学家、医学家和实践活动家，后人尊称其为"峭山公"。黄峭为"诱进后人"创办和平书院，培养了大批国家栋梁，其家乡和平古镇也因此被誉为"中国进士之乡"。

黄峭在外教书育人，可谓桃李满天下，可是在家中，黄峭的儿子们却时常不服管教。黄峭对儿子们的忤逆言行忧心忡忡，认识到对孩子们的教育迫在眉睫。

与夫人商议后，黄峭撰写了 17 条家训，让孩子们牢记于心，时刻自省，现在河洛就给大家讲讲其中几条。

孝父母、亲仁事

黄峭

父亲辛苦一天了，
喝茶润润喉吧。

笃爱悌、知亲义

弟弟，你上京赶考，我给你另准备了些盘缠，在外一定要吃饱穿暖。

谢谢大哥！家里就麻烦大哥了，大哥也要注意身体！

慎交友、戒赌博

千万不要跟有不良嗜好的人做朋友，更要远离赌博！

嗯——嗯

畏法律、戒非为

为官应清廉爱民，切不可贪赃纳贿，违法之事不可为！

为了方便后世子孙识记，黄峭将17条家训改编成朗朗上口的《训子诗》，讲明为人处世应做什么、不应做什么，为子孙后代做出了正确的引导。黄峭立家规家训，教子有方，21子皆登仕途。儿时曾顶撞母亲的三子黄荀官至大司徒，一生未忘家训，廉洁为官；曾调皮捣蛋的六子黄潭官至兵部尚书，清正廉明。黄峭22世孙黄道周不偕流俗，一生为国为民，组织义军抗清，被俘后殉国。

"早暮莫忘亲嘱咐，三七男儿当自强。"如今一千多万黄峭后裔遍布海内外，也将黄峭诚信做人、廉正修身、清白传家的家训散播到全国乃至世界各地，生根发芽，警示世人要有规矩、有纪律、有戒律，以廉正修身处世，以清白育人传家。

第十一集　詹功显：对联家训

　　詹功显，候均区五福境（今平潭县潭城镇）人，清乾隆三十七年（1772 年）生，字鹤峰，经传韬略，晓畅兵机，戎政生涯五十余载，被后世誉为"海峡守护神"，75 岁因病辞官，谕旨拨银敕建詹氏府邸"元戎第"以示表彰。

　　你见过以对联形式呈现的家训吗？你见过巧妙嵌入后人名字的家训吗？这么有特色的家训，就出自于詹功显之手。

　　"元戎第"正堂"敬心堂"两侧的楹联就是詹家别具一格的对联家训，"显文成武奋英豪，仕进登朝，道在忠勤克懋；识礼知书培俊秀，家居立政，训崇孝友维严"。河洛来给大家讲讲这对联背后的故事。

显文成武奋英豪仕进登朝道在忠勤克懋

识礼知书培俊秀家居立政训崇孝友维严

崇文尚武

詹功显对正在读书的儿子说，读书很重要，但是莫忘习武，强身健体。文武各有所成，才能更好地报效国家。

忠诚奉公

将来你们走上仕途，切记，国家和人民永远要放在第一位。

詹功显对孩子们说，将来你们走上仕途，切记，国家和人民永远要放在第一位！

培养俊秀

詹功显告老还乡后，倡捐重建兴文书院。

家居立政

若想家族、家庭兴盛发展，
应该将家法家规建立起来，
使之"为法为政"，
让后人凭借其严格自律。

詹功显对族人说，家族若想兴盛发展就应该将家法家规建立起来，使之"为法为政"，让后人依照其执行，严格自律。

平潭詹氏家训除了将对联文化、后人名字巧妙嵌于其中外，其亮点还在于将忠、孝思想融为一体，并要求族人立下家规家法，遵循"依法治家""从严治家"，具有十分进步的现代意义。

詹氏家训确立之后，家族兴旺，人才辈出，承续至今。作为海防世家的平潭詹氏，从始祖詹元起，几乎每一代均投身戎政、保家卫国，并有子弟戍守海峡，先后有詹兆基、詹国显和詹成栋三位水师军官殉职于海岛及其所辖海域，英烈昭人。

其后人文武皆习，世家繁衍，鼎盛一时。到了民国时期社会动荡，詹氏后人大多移民海外，如印度尼西亚、美国，部分移居至北京、上海、中国台湾，都取得不凡成就。可见，詹家家族规训影响深远。

第十二集　蔡世远叔侄：两帝师，谦谨一脉承

　　河洛暑假来到了美丽的福建省漳浦县。在这座千年古县中，"一村两帝师，叔侄皆名臣"的故事广为传颂。叔叔蔡世远是清康熙、雍正年间的理学名家、著名廉吏。官至礼部侍郎，并终生讲读、著述，有《二希堂文集》及多部著作传世，是当时所崇尚的宋儒理学中"闽学派"的代表人物之一；侄子蔡新是清乾隆时期的理学名臣，一代循吏，人品端正，学养深醇，在朝则恪尽职守，居家则严以律己。今天河洛要向大家介绍的，就是"两蔡"定下的家风家训。

严义利之辨，系一方百姓

漳、泉两地饥荒，蔡世远募集善款买米救济灾民。

守清正之节，戒阿谀之风

清康熙四十九年，蔡世远因父亲去世在家服丧守制。清康熙五十二年，蔡世远服丧期满，回到京城后，方知按照新出的规定，他此时才回属于休假超期。负责此事的小吏趁机向他索要贿赂。

先生若给我些好处，我可给先生行个方便，让您照样当官。

我宁可被夺去官职，也绝不助长不正之风！

有万世溪南，无百年宰相

丞相大人，我们村跟溪南村有纠纷了，您可要为我们撑腰啊！

溪南村一直存在，而我当宰相却当不了多久。大家应避免村与村、族与族间的矛盾。仗势欺人不长远，和睦相处才得平安啊！

蔡新

政声人去后，清名在人间

蔡新位极人臣，但对府县官吏的刻意奉承巴结以及自己的一些族亲乡邻、门生故旧拉大旗做虎皮、讨便宜的现象十分反感。借一次寿宴机会，他向在场的府县官员及亲朋好友说道："身居宰相，家属县令。"

我虽然身居宰相，但家还是在县令管辖之下，希望我的家族门生都要遵守地方的行政法令。地方官员士绅不必来府送礼问候，地方政事我也概不过问，我族人亲友犯法与他人同罪，不得以我的名义求情。

蔡新自幼丧父，深受叔叔蔡世远的影响。蔡新谨遵蔡世远教导，坚守"清、慎、勤"之风范。后来蔡新所立家训，亦溯源承绪于蔡世远。两蔡家风、家训，重在向学问道，旨在养善立人，除从天理大道多作正面阐发之外，还有许多针对人欲、势利的颇有问题导向的批判性警示，要求后代族人"眼前立大志向，定大规模，随所读之书，自体心验，随所行之事，迁善改过，开其学识，使益宏裕，养其德器，使益坚定。"在这样的家庭教育下，两蔡的后代皆秉勿贪之志，守清正之节，族人亲属也与乡邻和睦相处，少有违法乱纪的事情发生。

　　政声人去后，清名在人间。叔侄以其一生清廉节俭、勤政爱民的端严操守，烛照人心，启迪后世。两蔡的家风家训，亦碑在众口，芳馨遗远。

第十三集　黄鞠：仁德为本，耕读传家

霍童溪畔古村落，
山环水绕映碧波。
古树遮阴好衬景，
只待游人入画轴。

　　一千四百年前，隋代谏议大夫黄鞠因不满朝政，挂冠携眷入闽，来到了风景秀丽的霍童镇，建造起石桥村后黄氏一族便在此定居，繁衍生息。一百多年来，石桥村都没有人作奸犯科，体现出家训传承下来的力量。那么，就随河洛来看看黄鞠的家训有哪些精妙之处吧。

尊师重教

孩子，你在学堂里一定要尊重老师，认真学习知识，将来好成为栋梁之才啊！

黄鞠

耕读传家

家训有云:"耕读为本",你知道是什么意思吗?

是告诫我们耕田和读书是根本,对吗?

对！不过这个"耕田"，不仅指种的田地，还指心田。祖先希望我们能以仁德为本，修身养性做谦谦君子。

家和兴业

兄弟俩应该互相理解、互相礼让。

家和万事兴啊！

家训是整个家族子孙后代的精神仪轨，是这个家族的灵魂。黄鞠家训指引着黄氏后辈以仁德修身，洁身自好，终身为民。

黄氏一族繁衍生息，至唐代已成为当地望族，其后裔聚居祖地外，并散居全国各地以及海内外，英才辈出，代有贤良。

不仅如此，据福建省博物馆考古部对霍童古代遗迹进行考古调查，证实文献所记载的黄鞠所修水利工程，代表了闽东乃至整个福建在隋代时取得的水利工程的最高成就。

黄鞠开拓创新的精神，也深深融入霍童地域民俗文化及其子民的血脉中，铸就了霍童人不服输、勇争先的性格。

第十四集　蔡襄：书法名世，箴铭诫子

蔡襄是福建仙游人，为官三十七载，始终一心为民、公正清廉，后人称其"一身藏正气，两袖重清风"。他十分注重教子育孙和移风易俗，留世的《论忠孝》《福州五戒文》针砭时弊、针对性强，自拟的"箴""铭"短小精悍、隽永深刻。接下来河洛就给你讲讲里面的内容吧！

忠孝须诚

作为子女，我们要悉心听从父母的教导；将来我们出仕为官，为人要中正厚道、忠于职守，持方以恒才算真正做到了"忠孝"二字。

我记住了！

哥哥对弟弟说

婚嫁宜俭

我儿长大了！现今婚丧喜庆皆讲排场摆阔气，此风不可长，我们官宦人家，应当起带头作用啊！

父亲，祖训有云"婚嫁宜俭"，所以儿子的婚宴想节俭操办。不知父亲意下如何？

蔡襄

其子欲俭办婚宴

仁义处世

身为蔡家人，一定要牢记仁义处世，不存刻薄之心，以良善待乡邻，和睦相处。

族长教诲众人

勤学不懈

父亲年纪大了，何必这么刻苦呢？身体要紧呐！

"活到老，学到老"，不然会跟不上时代的！

儿子奉茶而来

家训乃家宝，家风代代传。蔡襄家族子孙后裔在宋代近两百年的八代传承中，英才辈出。宋代蔡襄的后裔，除了 22 名进士外，还有 76 位出自叙荫、封赠、举荐的各级官员。尤其是从家族的第 3 代至第 7 代，先后有 10 人任过知州（知府、知军），其家族也被誉称为"五世十知州"。时至今日，蔡襄家训也依然警戒着蔡氏子孙，启发着世间众人。

第十五集　江春霖：重德修身，忠直敢谏

今天河洛给你讲讲江春霖的家风家规吧！江春霖来自莆田涵江，被誉为"晚清谏官第一人"，他可是以不畏权贵、直言劝谏闻名的！

江春霖一生重德修身、勤俭持家，倡导"食旧德，服先畴，入为孝子，出为良臣"的家风。

一起来看几个小故事吧！

戒惰戒奢，行善积德

日上三竿了还不起床！早起的鸟儿有虫吃，你这样偷赖怎么进步？

是，父亲。

江春霖

以书为富，视金为土

这么好的丝绸拿来做被子，太奢侈了！还有很多饥寒交迫的百姓，有余财应该用来接济贫苦百姓，而不是自己享乐。

孩儿记住了。

不畏权贵，敢忤巨奸

臣监察御史江春霖敢以庆亲王父子贪赃枉法、卖官鬻爵之罪，向皇上陈之！

古人云"书中自有黄金屋"，我江家宁以知识传家，也不以钱财遗子孙！多余家财，都散给穷苦百姓吧！

爹……

　　积善之家，必有余庆。良好的家风有着强大的力量。多年来，它潜移默化地教育和影响着江氏后人。正是有了家风家训的传递和引导，江氏后裔寒窗苦读、清白为人、热心公益的秉性从未改变。江春霖的孙子江宗朴、江宗植大学毕业后投身教育界，江宗朴更被誉为莆田化学教育的泰斗；曾孙辈江启亮，传承先祖的书法技艺，热心公益事业，汶川地震后，他义卖自己的书法作品，将所得善款全部捐给了灾区。

　　清清萩芦溪，悠悠家风古。朴实敦厚的家风，具有持久的活力，它从历史的深处走来，一直行至今日，仍能滋润人们的心田，使人们获得启迪。

第十六集　李光地：家传一首冰壶赋，庭茁千寻玉树枝

　　"家传一首冰壶赋，庭茁千寻玉树枝"，这是清代名臣李光地的诗，也是他一生清廉为官、勤政爱民的真实写照。

　　李光地是福建安溪人，勤恳从政，"三受御匾"，被雍正皇帝赞为"一代完人"。李光地一生皓首穷经，对理学修身齐家之道十分推崇。他深知要做到修身齐家离不开良好的家庭教育，便亲自拟定家训族规，包括《家训·谕儿》《诫家后文》《本族公约》等。

　　他们家训都有哪些内容？别急，请听河洛慢慢道来。

一代完人

目过口过，不如手过

读书不能光靠看和读，也要多写，这样心就能自然而然跟上，去思考、探索书中的精微。

李光地

守正遵法，警戒妄为

不要因为我身居高位就以为可以打着我的名号胡作非为！国有国法，你们若触犯法律，我不会保你们性命！

子孙们不敢！

谨记祖恩，谦恭守业

祖先起家艰辛，我等后辈应当珍惜与感恩，收敛约束、和顺谦卑，这样才能继承祖业、不辱先辈呐！

以身作则，淳化乡风

赌博会荒废职业、挑起争端，还是盗贼兴起的源头。现在乡里赌博风气重，我们应该拟一份公约，好好整治呀！

公告

李光地以身作则，凭借家训族规、村规民约，不仅约束了族人，改善了乡里的社会习气，还对周边地区产生了影响。根据李光地的建议，泉州知府刘侃知、安溪知县曾之传设立府学，建造朱子祠，教化民众，提高文化素质，革新了当地民俗。历经三百多年的传承，李光地的家训族规始终被李氏后人铭记于心，并且演变成一种精神文化，影响着当地人们的一言一行，彰显着家训族规润物无声、潜移默化的长久魅力。

第十七集　王伯大：胸怀大家，忠贯日月

在美丽的宁德霞浦，有一位南宋时期的清官，他叫王伯大，号留耕道人。别看他默默无闻，其实却是个货真价实的"宝藏男孩"哟。

现在就请跟随着河洛，一起挖掘"宝藏男孩"身上的大智慧吧。

知军大人救救我们黎民百姓吧，我们已经三天没东西吃了。

老乡们，我王伯大一定会救万民于饥荒之中的！

王伯大

兼济天下，让利于民

南宋嘉定十年（1217年），浙江、江西邻近的县和市均发生不同程度的粮荒，面黄肌瘦的灾区百姓跪地恳求王伯大相救。

王伯大经过调查，深知灾情面积大、情况特殊、灾民文盲多，于是特设荒政局，采取清查户口的措施，用红、黄、黑、白四种颜色为标志划分灾情等级，并根据灾情等级情况分配赈灾物资。

王伯大指着地图，吩咐其他官员道：

> 这个地区灾情最为严重，
> 要优先分配物资。
> 其他地区也要分配到位，
> 一个老百姓都不能落下！

> 是！

这样的做法一来避免贪官污吏克扣救灾物品，二来可迅速将上级所拨有限的粮款及时如数发放到灾民手中，救活众多灾民。

> 留有余，不尽之财以还百姓。你们这些贪官非但不体恤百姓，反而为自己谋私，这是十恶不赦的大罪啊！

> 饶命！

灾民感恩王伯大的举措，编了这样一首民谣：
"红黄黑白环，甲乙丙丁户。
若非王知军，饿杀人无数。"
境内百姓更为他建生祠多达 13 座。

心系家国，直谏忠言

王伯大官职虽不高，却以直谏闻名。当时南宋外有强敌环伺，内有权臣奸佞当道。

人主之患，莫大乎处危亡而不知；人臣之罪，莫大乎知危亡而不言。国家有难，君王和臣子就应当同心协力，为国尽忠。

他进言的奏折，洋洋千余言，既有力地抨击朝中阿谀弄权、内外勾结的奸臣，也婉转地指出当时严峻的国家边境形势。

王伯大晚年困居家中，写下《四留铭》：

"留有余，不尽之巧以还造化；

留有余，不尽之禄以还朝廷；

留有余，不尽之财以还百姓；

留有余，不尽之福以还子孙。"

凡事留有余地，多为国、为民、为子孙后代考虑。这是爷爷毕生的人生体悟，希望你们将它铭记在心，成为我们家族的家训，代代流传。

王伯大身处南宋中末期，时局动荡、山河破碎。王伯大从政的34年中，迁官30多次，曾两次罢官、三次降职，一生鞠躬尽瘁，两袖清风，为国、为民作出了巨大贡献，身后留下《四留铭》的至理之言。

"留余"思想不仅是一个家族待人处事的金科玉律，更是中华民族"中庸"品质的深刻内化。身处新时代，面对日益繁荣昌盛的祖国，我们更应体悟王伯大的点滴智慧，内化于心，外化于行。

第十八集 五店市氏族：红砖古厝，情系家国

　　闽南泉州晋江市有一处堪比福州"三坊七巷"的闽南古建筑群——五店市传统街区。但古朴的红砖青瓦，精致的飞檐斗角，都比不过它那无限深沉的家风家规底蕴。被赞誉为"家训家规优秀文化大观园"的它，蕴藏着怎样的千年智慧呢？

　　请跟着河洛、咚咚，一起漫步闽南古厝，体会大家智慧吧！

甘于两袖清风，不收一点金银

五店市有蔡氏家族先贤蔡黄卷，以"孝亲、敬长、忠信、笃敬"作为学规来启迪和教育他们的幕僚。

老师，您怎么这般清贫，快收下晚辈的一点心意吧。

但愿君侯爱民如子，这就是给老朽最好的礼物了！

官员来到蔡黄卷家中，发现他家里很破败，家具只有两把竹椅子，官员便捧着黄金对蔡黄卷说："老师，您怎么这般清贫，快收下晚辈的一点心意吧。"蔡黄卷摆手说道："你若爱民如子，造福一方百姓，这就是给老朽最好的礼物了！"

邻里和睦共处，非亲恰似故友

五店市有蔡、庄、王、赵、李等众多家族，他们和睦共处、相互融合，恪守着祖训"和睦"的谆谆教诲，在历史长河的洗礼中，逐渐形成了共同的文化理念，这在乡贤的推举中尤为突出。

乡贤推举是论德不论官，
以贤不以族的！
各族群有道德有才能的人
才可以成为乡贤！

长老一视
同仁，我等
定当遵守。

身先士卒御倭寇，马革裹尸保万民

五店市更有满门忠烈的庄氏家族。明嘉靖年间，倭寇进侵泉州郡城，庄用宾、庄用晦两兄弟招募乡兵义勇抗击倭寇。

我们已经无路可退了，城中有我们的父老乡亲和兄弟姐妹，我们一定要用生命保护他们！

身居海外异乡，心系故土家国

　　五店市是著名的侨乡，大量族裔移居海外开创事业，却依然关心国家民族的发展。

面对祖国山河沦陷，民族危亡之际，华侨们没有忘记祖地家规家训的教诲，这条无形却又坚韧有力的精神纽带，始终维系着他们与祖国同呼吸、共命运。

　　忠孝传家，安分勤业，五店市一砖一瓦的千秋岁月，老宅边墙上斑驳的楹联篆刻，无不传颂着这闽南古厝里古老家族经久不衰的家风家规。而这样的文化韵律，无不感染着每一个纷至沓来，驻足聆听思考的人。

第十九集　客家氏族：寄意楹联传家训

　　闽西龙岩永定区蜿蜒起伏的山峦之间，放眼可见星罗棋布的客家土楼群。

　　古朴的灰瓦见证了岁月变迁，斑驳的黄墙诉说着家族的智慧，土楼内随处可见的楹联篆刻，一字一句无不体现客家先人对后世的谆谆教诲。

　　这不仅是中国民间建筑的一朵绚丽奇葩，更是客家人的情感纽带和精神家园。

　　请跟随河洛一起走进永定土楼，探寻客家人生生不息的楹联家规。

振纲立纪，成德达才

　　永定土楼林氏"振成楼"的大门两旁，篆刻着"振纲立纪，成德达材"的楹联。作为全楼二十几副楹联之首："振纲立纪，成德达材"以儒家思想为内核，强调着遵守国法家规对成长成材的重要性，客家人也以此为教育原则培养子孙，使客家族系涌现出许多海内外优秀人才：胡椒大王胡泰兴、锡矿大王胡子春、报业巨子胡文虎等。

胡文虎　　胡子春　　胡泰兴

敦孝悌以重人伦，笃宗族以昭雍睦

　　客家人重视人伦关系，强调百善孝为先，并将这种家庭关系广泛用于正确处理人与人之间的社会关系。客家人虽姓氏繁多，却依然和睦团结，这正是客家人团结凝聚，兴家旺业的基础。

大家都是乡里乡亲，今天一起吃个长桌宴！

尊礼行义，立廉知耻

礼义廉耻是做人的根本，对于兴家立业更是至关重要。客家先祖视礼义廉耻为家庭兴衰的根本，将尊礼、行义、立廉、知耻作为每个族人的人生必修课。

管仲曾言："礼义廉耻，国之四维，四维不张，国乃灭亡"你们从小就应当遵循家规祖训，维护社会道德风尚。

嗯

嗯

行走天下，饮水思源

客家人原是中原地区汉族民系，历经战乱疫灾，背井离乡迁移至南方，因此对国家有着深厚的感情。客家先祖正是将这种家国情怀，依靠家规祖训的方式，向后人生动诠释了中华民族的文化基因。而今客家华侨遍布五大洲 80 多个国家和地区，总人口约达八千万人，依然保留着华夏传统生活方式，每时每刻心系祖国，为祖国繁荣发展作出了巨大贡献。

国家有难

祖国有难

八方支援

家规默化成习，家风润物无声。简单的楹联篆刻背后是深邃深沉的家族智慧。

　　点滴的只言片语留下的是深刻的文化烙印。正如百年土楼建筑屹立不倒，正如客家千年文化一脉相承，薪火相传，家风永续。

第二十集 苏轼：发愤识遍天下字，立志读尽人间书

"莫听穿林打叶声，何妨吟啸且徐行。竹杖芒鞋轻胜马，谁怕？一蓑烟雨任平生。"这首诗词我们都耳熟能详，而这位诗人超凡脱俗、豪放的诗风及其展现的价值观念，无不与他的家庭密不可分。现在河洛的小伙伴咚咚就和大家一起探寻他背后的家风故事。

苏轼，字子瞻，号"东坡居士"，是北宋著名文学家、书画家、历史治水名人。苏轼其人豁达乐观又不乏柔情。苏门的家风源于苏杲、苏序的"扶危济困"，继承了苏洵的"诗书传家""志存高远"，在传承父辈优良传统的基础上，展现了读书正业、孝慈仁爱、为政以德之风。

读书正业

苏轼一开始很贪玩，但父亲苏洵在家时对其功课都有具体的安排，并会严厉催促，因此让苏轼从小就专注于课业，饱读诗书。

苏轼年轻时写下"发愤识遍天下字，立志读尽人间书"的壮志豪言。博览群书，读书正业为苏轼成为北宋著名文学家奠定了坚实的基础。

非义不取

　　苏轼一家搬进新居不久，便发现前人窖藏的一坛金银，可程夫人却叫人重新埋好并用此事教育苏轼兄弟：君子爱财，取之有道；凡非义之财，一分一文也不能妄取，这是做人的准则。

　　母亲程夫人明理慈爱的言传身教，帮助苏轼兄弟构建起了积极进取的人生态度和正确的世界观、人生观。

为政以德

　　苏轼曾两度在杭州为官，带领杭州人民治理西湖。完成大规模的疏浚工程后，苏轼把挖出来的淤泥集中起来，筑成了一条纵贯西湖的长堤，后人称为苏堤，体现了后人对苏轼的怀念和崇敬。开浚西湖便利了百姓的种田、饮水等，攸关民生利害。

苏轼

苏知州主持修建长堤，实乃便利民生之举啊！

孝慈仁爱

苏轼对孩子们的关爱不仅体现在陪伴成长上，更体现在教育他们为人处世上。长子苏迈携家眷赴德兴任县尉时，苏轼送给他一方砚台，并作铭文，以此教导其为官之道。

以此进道常若渴，以此求进常若惊，以此治财常思予，以此书狱常思生。

孩儿谨记父亲教诲。

苏迈没有辜负父亲的厚望，史载其"文学优赡，政事精敏，鞭扑不得已而加之，民不忍欺，后人仰之"。苏轼的三个儿子在苏轼的谆谆教导下，个个勤奋好学，知书达礼，不断学习并继承着家族孝顺仁爱的优秀家风。

　　苏氏一门家风笃厚，世代相传。非义不取，为政以德是苏氏一门的处事原则；读书正业，孝慈仁爱乃传家之风。苏氏家风在华夏沃土上生根发芽，启迪着世人，影响深远。